BEI GRIN MACHT SICH IHR WISSEN BEZAHLT

- Wir veröffentlichen Ihre Hausarbeit,
  Bachelor- und Masterarbeit

- Ihr eigenes eBook und Buch -
  weltweit in allen wichtigen Shops

- Verdienen Sie an jedem Verkauf

Jetzt bei www.GRIN.com hochladen
und kostenlos publizieren

GRIN

Bibliografische Information der Deutschen Nationalbibliothek:

Die Deutsche Bibliothek verzeichnet diese Publikation in der Deutschen National-
bibliografie; detaillierte bibliografische Daten sind im Internet über http://dnb.d-
nb.de/ abrufbar.

Impressum:

Copyright © 2017 GRIN Verlag
Druck und Bindung: Books on Demand GmbH, Norderstedt Germany
ISBN: 9783668810532

Dieses Buch bei GRIN:

https://www.grin.com/document/442827

Luis Herdt

Autonomes Fahren. Kann man sich auf die modernen Systeme verlassen?

GRIN Verlag

Inhaltsverzeichnis

1. Einführung in die Thematik

„Die Wettbewerbsfähigkeit von Unternehmen hängt maßgeblich von einer gesunden und leistungsfähigen Belegschaft ab. Gesunde und motivierte Mitarbeitende sorgen für ein angenehmes Arbeitsklima, regen zu Innovationen an, machen weniger Fehler und haben weniger Fehltage."[1], schrieb die Zeitschrift für Wirtschafts – und Unternehmensethik im Jahre 2017 in Bezug auf das betriebliche Gesundheitsmanagement in Unternehmen. Um der Frage auf den Grund zu gehen, wie Mitarbeiter bestmöglich motiviert werden, wird die Mitarbeitermotivation oftmals mit betrieblichen Anreizsystemen in Verbindung gebracht.[2] Dabei stellt sich nun die Frage inwiefern und vor Allem in welcher Form das gewählte betriebliche Anreizsystem seine Wirkung erzielt. Ebenfalls ist fraglich welche Form der betrieblichen Anreizsysteme in der Praxis wirklich dafür sorgen, dass am Ende des Tages ein Mitarbeiter motivierter seiner Arbeit nachgeht. Anreizsysteme wirken von außen auf den Mitarbeiter ein, doch auch dieser erbringt ohne Anreizsysteme seine Leistung, wenn er sich für seine Tätigkeit interessiert.[3]

Auf dieser Basis wird in der vorliegenden Arbeit der Zusammenhang beider mit der folgenden Forschungsfrage thematisiert: Sind betriebliche Anreizsysteme dazu geeignet, dass die intrinsische Motivation beeinflusst wird?

Zuallererst soll ein grundlegendes Fundament anhand der Erläuterung wichtiger Begrifflichkeiten gelegt werden, um dann auf die Formen sowie die Funktionen und Ziele der betrieblichen Anreizsysteme einzugehen. Anschließend werden die Formen der Motivation näher beschrieben sowie das Beispiel von Hackman und Oldham in Bezug auf die Arbeitszufriedenheit vorgestellt. An dem Praxisbeispiel der Siemens AG wird verdeutlicht, wie wichtig betriebliche Anreizsysteme sein können. Abschließend sollen, auf Basis des Beispiels aus der Praxis, die Ergebnisse der vorliegenden Arbeit im Fazit zusammengefasst werden.

---

[1] *Brink, A., Heidbrink, L.,* Zeitschrift für Wirtschafts – und Unternehmensethik, 2017, S. 305.
[2] Vgl. *Kolb, M.,* Personalmanagement, 2010, S. 401.
[3] Vgl. *Sprenger, R.K.,* Mythos Motivation, 2010, S. 24.

2. Begriffsbestimmung

2.1. Betriebliche Anreizsysteme

Unter betrieblichen Anreizsystemen werden unterschiedliche Systeme verstanden, welche Anreize für den Mitarbeiter schaffen sollen, um ihre Arbeitsleistung zu erbringen und sodass demzufolge langfristig die Ziele des Unternehmens erreicht werden. Man spricht auch von gebotenen Gegenleistungen eines Unternehmens, welche zahlreich und unterschiedlich von den jeweiligen Unternehmen angeboten werden. Hier kann es sich zum Beispiel um eine Beteiligung am erwirtschafteten Gewinn eines Unternehmens oder auch um eine Ernennung eines neuen hierarchischen Titels handeln.[4]

Zusätzlich sorgen betriebliche Anreizsysteme dafür, dass die Attraktivität des Unternehmens als Arbeitgeber selbst, die Bindung zum Unternehmen sowie der mögliche Wunsch das Unternehmen zu verlassen, beeinflusst wird.[5]

2.2. Motivation

Allgemein ist der Begriff der Motivation als wesentliche Basis des menschlichen Verhaltens anzusehen. Es handelt sich dabei um die Bereitschaft jedes einzelnen Menschen so zu handeln, dass ein bestimmtes Ziel erreicht wird. Dementsprechend ist nahezu jedes Verhalten von einer gewissen Motivation angetrieben.[6] Sich also hochmotiviert einer Sache zu widmen, impliziert, dass jemand sämtliche Kräfte nutzt, um ein gewisses Ergebnis zu erreichen. Das Ziel wird klar vor Augen gefasst und man lässt sich durch nichts davon abbringen, dass dieses Ziel auch erreicht wird.[7]

Anzumerken ist, dass man die Motivation nicht konkretisieren kann, da sie bei jedem einzelnen Menschen und situationsbedingt unterschiedlich ist.[8] Dennoch gibt es drei Kriterien, um die Ausprägung von menschlicher Motivation zu charakterisieren. Es handelt sich dabei um die Eigenschaften Intensität, Richtung und Dauerhaftigkeit der Motivation.[9]

---

[4] Vgl. *Wickel-Kirsch, S. et al,* Personalwirtschaft, 2008, S. 176.
[5] Vgl. *Kolb, M.,* Personalmanagement, 2010, S. 402.
[6] Vgl. *Hungenberg, H., Wulf T.,* Grundlagen der Unternehmensführung, 2015, S. 237.
[7] Vgl. *Rheinberg F., Vollmeyer R.,* Motivation, 2011, S. 14.
[8] Vgl. *Hungenberg, H., Wulf T.,* Grundlagen der Unternehmensführung, 2015, S. 237.
[9] Vgl. *Hungenberg, H., Wulf T.,* Grundlagen der Unternehmensführung, 2015, S. 237.

Die Intensität der Motivation zeigt, wie viel Kraft und Mühe jeder Einzelne in das Erreichen des jeweiligen Ziels investiert.

Um die Motivation zu charakterisieren ist neben der Intensität auch die Richtung der Motivation ausschlaggebend. Es handelt sich nicht nur um hochmotivierte Mitarbeiter in einem Unternehmen, sondern auch um Mitarbeiter, die ein Eigeninteresse daran haben, dass das Unternehmen seine Unternehmensziele erreicht.

Die Dauerhaftigkeit der Motivation zeigt, inwieweit Mitarbeiter langfristig entschlossen sind, die Ihnen übertragenen Aufgaben und Ziele trotz Widerstände zu erfüllen.[10]

Zusammenfassend heißt das, dass es sich um einen Zustand einer Person handelt, der dafür verantwortlich ist, dass eine gewisse Handlungsalternative gewählt wird, um das gewünschte Ziel zu erreichen. Zusätzlich wird dafür gesorgt, dass das Verhalten der Person hinsichtlich der Richtung und Intensität konstant beibehalten wird.[11]

2.3. Prozesstheorie & Inhaltstheorie

Die motivationstheorethischen Ansätze vieler Wissenschaftler lassen sich zusätzlich in zwei Kategorien unterteilen, die Prozesstheorie sowie die Inhaltstheorie der Arbeitsmotivation.

Bei der Prozesstheorie wird das zielorientierte Handeln erklärt. Zudem müssen Ziele gesetzt werden, welche aus Abschätzungen und erwarteten Werten resultieren und es muss eine zielrealisierende Handlung vorhanden sein.[12] So sind in diesem Zusammenhang nicht die Inhalte entscheidend, sondern der psychische Prozess, welcher zu einer gewählten Handlungsalternative führt.

Eine bekannte Prozesstheorie der Arbeitsmotivation ist die Valenz-Instrumentalitäts-Erwartungs-Theorie nach Vroom, auf die in der vorliegenden Arbeit allerdings nicht weiter eingegangen wird.[13]

---

[10] Vgl. *Hungenberg, H., Wulf T.*, Grundlagen der Unternehmensführung, 2015, S. 237.

[11] Vgl. *https://wirtschaftslexikon.gabler.de/definition/motivation-38456/version-261879*, Zugriff am 12.05.2018

[12] Vgl. *Nerdinger, F.W. et al*, Arbeits – und Organisationspsychologie, 2014, S. 431.

[13] Vgl. *https://wirtschaftslexikon.gabler.de/definition/prozesstheorien-der-motivation-45549/-version-68841*, Zugriff am 12.05.2018

Die Inhaltstheorien beschäftigen sich dagegen mit dem Inhalt der Motivation beziehungsweise mit den Motiven und Anreizen, welche verantwortlich für ein gewisses Verhalten sind.[14]

Bekannte Inhaltstheorien sind die Bedürfnistheorie nach Maslow oder die Zwei-Faktoren-Theorie nach Herzberg, auf die in der vorliegenden Arbeit ebenfalls nicht weiter eingegangen wird. Ferner wird anhand des Job-Characterics Model von Hackman und Oldman eine Theorie zur Arbeitszufriedenheit unter 4.2. dargestellt.

3. Was sind betriebliche Anreizsysteme?

Wie bereits unter 2.1 beschrieben, zielen betriebliche Anreizsysteme darauf ab, dass unter Zunahme von Gegenleistungen seitens des Unternehmens eine Arbeitsleistung vom Angestellten erbracht wird. Die betrieblichen Anreize werden unter allen materiellen und immateriellen Leistungen, welche für die Mitarbeiter gedacht sind, zusammengefasst. Der Hintergrund dieser Anreize von Unternehmerseite ist, dass das Verhalten der Mitarbeiter in die Richtung beeinflusst wird, dass die Ziele des Unternehmens erreicht werden.[15]

3.1. Funktionen und Ziele von betrieblichen Anreizsystemen

Grundsätzlich zielt der Arbeitgeber darauf ab, dass ein gewünschtes Verhalten seitens des Arbeitnehmers erfolgt, beziehungsweise ein negatives Verhalten vermieden wird. Bei näherer Betrachtung gibt es aber zwei entscheidende Faktoren, auf die gezielt die Anreize wirken sollen. Es handelt sich dabei um die Motivation der Mitarbeiter sowie die Bindung an das Unternehmen.[16]

In Sachen Mitarbeiterbindung ist es wichtig, dass auf die einzelnen Bedürfnisse der Mitarbeiter geachtet wird, sodass das Anreizsystem auch von Arbeitnehmerseite angenommen wird. Dennoch muss primär beachtet werden, dass das Anreizsystem langfristig ausgelegt werden sollte und entsprechend auch zu dem Unternehmen passen sollte.[17] Ein Unternehmen dessen Anreizsystem nicht zu den verfolgten Unternehmensleitlinien passt,

---

[14] Vgl. *Nerdinger, F.W. et al,* Arbeits – und Organisationspsychologie, 2014, S. 431.
[15] Vgl. *Wickel-Kirsch, S. et al,* Personalwirtschaft, 2008, S. 177.
[16] Vgl. *Loffing, D., Loffing, C.,* Mitarbeiterbindung ist lernbar, 2010, S. 156.
[17] Vgl. *Loffing, D., Loffing, C.,* Mitarbeiterbindung ist lernbar, 2010, S. 156.

wird seine Wirkung nie gänzlich entfalten können und demnach auf lange Sicht scheitern.[18]

Aufgrund von individuellen Bedürfnissen ist es schwierig, dass das Anreizsystem so angepasst wird, dass es sowohl zum Unternehmen als auch zu den einzelnen Mitarbeitern passt. Daher sollte das Unternehmen sein Anreizsystem auf den Großteil der Gruppe anpassen, sodass die Mitarbeiter, unter Zuhilfenahme dieser Anreize, sich stärker angesprochen fühlen und sich dementsprechend an das Unternehmen binden.[19]

Um jedoch das Primärziel, das Erreichen der Unternehmensziele, zu erfüllen, sollte eine direkte und indirekte Steigerung der Motivation erfolgen.[20] Wie die Motivationssteigerung erfolgen soll, wird im Punkt 3.2. verdeutlicht.

Neben der Bindungsfunktion, spielt auch die Steuerungs – sowie die Risikominimierungsfunktion eine Rolle. Dementsprechend sollen die Anreize ein gewisses Verhalten hervorrufen oder dazu führen, dass ein ungewünschtes Verhalten vermieden wird. Zusätzlich soll das Risiko minimiert werden, dass Mitarbeiter lediglich ihre eigenen Ziele verfolgen und demnach ihre Leistung für das Unternehmen zurückhalten. Sofern es dem Unternehmen gelingt, dass Mitarbeiter sich mehr auf die Unternehmensziele konzentrieren, so wird auch gleichzeitig das Risiko sinken, dass Mitarbeiter ihre eigenen Ziele am Arbeitsplatz verfolgen.[21]

3.2. Formen von betrieblichen Anreizsystemen

Bei den Formen betrieblicher Anreizsysteme handelt es sich vorwiegend um die monetären (materiellen) und nicht-monetären (immateriellen) Anreize, welche ein Unternehmen den Mitarbeitern zur Verfügung stellen kann. Hier sollte sich nicht gezielt auf einen Zweig festlegen, da mit dem Gesamtpaket von monetären und nicht-monetären Anreizen die größte Masse der Bedürfnisse der Mitarbeiter angesprochen wird.[22] Entsprechend der

---

[18] Vgl. *Loffing, D., Loffing, C.*, Mitarbeiterbindung ist lernbar, 2010, S. 156.
[19] Vgl. *Loffing, D., Loffing, C.*, Mitarbeiterbindung ist lernbar, 2010, S. 157.
[20] Vgl. *Hungenberg, H., Wulf T.*, Grundlagen der Unternehmensführung, 2015, S. 364.
[21] Vgl. *Wickel-Kirsch, S. et al*, Personalwirtschaft, 2008, S. 180.
[22] Vgl. *Kolb, M.*, Personalmanagement, 2010, S. 402.

gesamten Breite kann auch besser der Schwerpunkt der jeweiligen Anreize gewählt werden, um seine individuelle Zielgruppe anzusprechen. Es wird zwischen den drei folgenden Anreizen differenziert.

Die Eintrittsanreize sind spezielle Anreize seitens des Unternehmens, welche das Interesse bei möglichen zukünftigen Mitarbeitern weckt. Das Unternehmen wird attraktiver.[23]

Die Bleibeanreize können bei den bereits angestellten Mitarbeitern wirken, welche zur Folge haben, dass sich Mitarbeiter mit dem Unternehmen identifizieren und davon überzeugt werden im Unternehmen zu bleiben.[24]

Die Leistungsanreize sollen das Leistungsverhalten bestimmter Mitarbeiter beeinflussen, um eine bestimmte Leistung im Unternehmen hervorzurufen.[25]

3.2.1. Materielle Anreize

Der Bereich der materiellen Anreize, von denen die Tätigkeit unmittelbar betroffen ist, ist einer der wichtigsten Teilbereiche eines betrieblichen Anreizsystems. Diese Anreize helfen dabei, dass die Grundbedürfnisse einzelner Personen anhand von Geld befriedigt werden. Dieser Teilbereich umfasst hauptsächlich die Zahlung der Löhne und Gehälter sowie mögliche Bonuszahlungen eines Unternehmens. Zusätzlich fallen ebenfalls Sachleistungen in diesen Bereich, wie zum Beispiel ein Dienstwagen oder hochwertige Elektronikartikel (Notebook oder Diensthandy). Für Unternehmen mit vertriebsorientierter Struktur sind auch die Incentives eine beliebte Form von Anreizen. Bei dieser Art werden Sach– oder Geldprämien für das Erfüllen von zuvor definierten Zielen ausgegeben. Zum Beispiel kann der beste Verkäufer über einen definierten Zeitraum eine Reise vom Unternehmen finanziert bekommen.[26]

Allerdings gibt es auch materielle Anreize, die nicht direkt die Tätigkeit selbst betreffen. Hierzu zählen zum Beispiel die betriebliche Altersvorsorge, die Fahrtkostenerstattung oder die Möglichkeit, dass im Unternehmen eine Kantine zur Verpflegung zur Verfügung steht.[27]

---

[23] Vgl. *Loffing, D., Loffing, C.,* Mitarbeiterbindung ist lernbar, 2010, S. 157.
[24] Vgl. *Loffing, D., Loffing, C.,* Mitarbeiterbindung ist lernbar, 2010, S. 157.
[25] Vgl. *Loffing, D., Loffing, C.,* Mitarbeiterbindung ist lernbar, 2010, S. 157.
[26] Vgl. *Wickel-Kirsch, S. et al,* Personalwirtschaft, 2008, S. 177.
[27] Vgl. *Wickel-Kirsch, S. et al,* Personalwirtschaft, 2008, S. 177.

Materielle Anreize werden, im Gegensatz zu den immateriellen Anreizen, in der Regel mit den einzelnen Mitarbeitern individuell vereinbart und dann auch vertraglich fixiert.[28]

3.2.2. Immaterielle Anreize

Bei den immateriellen Anreizen handelt sich um nichtmaterielle Belohnungen. Es werden also nicht, wie bei den materiellen Anreizen, Sach- oder Geldleistungen als Instrumente gewählt, sondern nicht-monetäre Leistungen wie zum Beispiel die Arbeitszeit, die Arbeitsgestaltung oder das Betriebsklima, die direkt mit der Tätigkeit verbunden sind.[29] Ein gewisser Status, den man vom Unternehmen erhält sowie mögliche Qualifikationen sind ebenfalls in diesen Bereich einzuordnen. Die Gestaltung der Tätigkeit selbst ist nicht unbedeutend, da man als Unternehmen versucht die Arbeit selbst als eigenen Anreiz darzustellen.[30] Auf diesen Bereich wird in 4.1.2. noch einmal detailliert eingegangen.

Weniger häufig werden jedoch die immateriellen Anreize, die nicht direkt mit der Tätigkeit selbst in Relation stehen, angeboten. Hierunter lassen sich zum Beispiel Betriebsfeiern oder eine Betriebssportmannschaft zusammenfassen. Eine Freistellung für karitative Projekte repräsentiert ebenfalls eine Möglichkeit der immateriellen Anreize. So wird es als positiv von den Mitarbeitern aufgenommen, wenn der Arbeitgeber sich nicht nur finanziell an Bildungsprojekten in Entwicklungsländern beteiligt, sondern gleichzeitig auch noch seine Arbeitnehmer in die Projekte einbindet.[31]

Immaterielle Anreize sind nicht eindeutig abgrenzbar und lassen sich häufig nur auf lange Sicht beeinflussen. Dazu kommt, dass häufig komplexe Sachverhalte beziehungsweise eine Vielzahl an Mitarbeiter betroffen sind.[32]

4. Definition der Motivation

Wie zuvor in 2.2. näher beschrieben, wird bei der Motivation von der Antwort auf das "Warum" des menschlichen Verhaltens gesprochen. Es geht dabei um das menschliche

---

[28] Vgl. *Wickel-Kirsch, S. et al*, Personalwirtschaft, 2008, S. 177.
[29] Vgl. *Wickel-Kirsch, S. et al*, Personalwirtschaft, 2008, S. 178.
[30] Vgl. *Wickel-Kirsch, S. et al*, Personalwirtschaft, 2008, S. 178.
[31] Vgl. *Wickel-Kirsch, S. et al*, Personalwirtschaft, 2008, S. 179.
[32] Vgl. *Wickel-Kirsch, S. et al*, Personalwirtschaft, 2008, S. 177.

Verhalten, welches dafür sorgt, dass wir uns in einer Situation gerade so verhalten und nicht anders.[33]

In dem Zusammenhang stellt sich für das Unternehmen die Frage, warum einige Mitarbeiter deutlich motivierter an die Arbeit gehen als andere. Motivation ist keine Persönlichkeitseigenschaft, von der einige Menschen mehr verfügen als andere. Die Motivation ergibt sich eher aus dem Wechselspiel zwischen den Motiven einer Person und den Anreizen der jeweiligen Situation, die vorliegen und subjektiv von der Person wahrgenommen werden.[34]

Bei den Motiven handelt es sich in erster Linie um noch nicht erfüllte Bedürfnisse oder Triebe, wozu der mögliche Anreiz zur Erfüllung der Motive beiträgt. Bis die Leistung zur Erreichung der Motive allerdings erzielt wird, wird vorab abgewägt, ob es sich lohnt, sich für die spezifischen Anreize anzustrengen. Je wichtiger das Motiv ist, desto intensiver wird sich angestrengt, um die Anreize, welche mit der Leitung verbunden sind, zu erreichen.[35]

So handelt es sich bei subjektiv wahrgenommenen Anreizen zum Beispiel um das Ansehen im Unternehmen oder den beruflichen Erfolg. Es ist jemand deutlich motivierter Überstunden zu leisten, um in naher Zukunft die Karriereleiter hochzusteigen oder ein höheres Ansehen im Unternehmen zu genießen. Die Motive können unterschiedlich sein und werden anschließend klassifiziert, wobei dort die extrinsischen und intrinsischen Motive für die Unternehmensführung von hoher Bedeutung sind.[36]

4.1. Formen der Motivation

Die Motivation lässt sich jeweils in die extrinsische und intrinsische Motivation aufspalten, welche in den folgenden beiden Punkten erläutert werden.

4.1.1. Extrinsische Motivation

Bei der extrinsischen Motivation spricht man vom Verhalten, welches aufgrund einer von der Handlung unabhängigen Konsequenz an den Tag gelegt wird. Die Verhaltensweise

---

[33] Vgl. *Sprenger, R.K.*, Mythos Motivation, 2010, S. 23.
[34] Vgl. *Hungenberg, H., Wulf T.*, Grundlagen der Unternehmensführung, 2015, S. 237.
[35] Vgl. *Hungenberg, H., Wulf T.*, Grundlagen der Unternehmensführung, 2015, S. 238.
[36] Vgl. *Hungenberg, H., Wulf T.*, Grundlagen der Unternehmensführung, 2015, S. 239.

wird weniger spontan auftreten, da sie in der Regel durch eine Aufforderung aktiviert wird. Die Befolgung dieser Aufforderung lässt dann auf ein positives Ergebnis seitens des Mitarbeiters blicken.[37]

So werden die Mitarbeiter durch extrinsische Motive nicht von der Arbeit allein erfüllt, sondern handeln aufgrund der zu erwartenden Folgen. Bei den extrinsischen Motiven spielen vor allem das Geldmotiv sowie Sicherheits – und Prestigemotiv eine wichtige Rolle. Allgemein wird davon ausgegangen, dass bei einfachen Aufgaben extrinsische Motive auf den Mitarbeiter einwirken müssen, wohingegen bei komplexeren Aufgaben die intrinsischen Motive von hoher Bedeutung sind.[38]

4.1.2. Intrinsische Motivation

Die intrinsische Motivation wird so definiert, dass ein Mitarbeiter die zu leistende Handlung ausführt, aufgrund des Anreizes der Tätigkeit selbst. Es handelt sich dabei um interessensbestimmte Handlungen, welche nicht von äußeren Faktoren beziehungsweise dem von Arbeitgeberseite versprochenen Resultat beeinflusst werden (wie z.B. bei der extrinsischen Motivation). Intrinsisch motivierte Mitarbeiter haben dieselbe Auffassung wie die Tätigkeit, welche sie ausüben, sodass kein äußerer Druck oder mögliche innere Zwänge sie zu dieser Tätigkeit zwingen. Die Folge ist, dass die Mitarbeiter bei ihrer Tätigkeit auch das engagiert machen können, was sie wirklich interessiert.[39]

„Hohe Leistung erbringt der Mitarbeiter, weil er sich für die Arbeit selbst (intrinsisch) interessiert."[40] Doch auch hier stellt sich die Frage, inwiefern sich die intrinsische Motivation noch steigern lässt. Im Punkt 4.2. wird anhand des Job-Characteristics Model von Hackman und Oldman eine mögliche Variante zur Steigerung vorgestellt.

Aufgrund intrinsischer Motive werden die Bedürfnisse oftmals durch die Tätigkeit selbst befriedigt. Zu den intrinsischen Motiven gehört unter anderem das Leistungsmotiv sowie Kompetenz- und Geselligkeitsmotiv.[41]

---

[37] Vgl. *Deci, E.L., Ryan, R.M.*, Zeitschrift für Pädagogik, 1993, S. 225.
[38] Vgl. *Hungenberg, H., Wulf T.*, Grundlagen der Unternehmensführung, 2015, S. 240.
[39] Vgl. *Deci, E.L., Ryan, R.M.*, Zeitschrift für Pädagogik, 1993, S. 226.
[40] *Sprenger, R.K.*, Mythos Motivation, 2010, S. 24.
[41] Vgl. *Hungenberg, H., Wulf T.*, Grundlagen der Unternehmensführung, 2015, S. 239.

Das selbst gesetzte Leistungsziel soll durch das Leistungsmotiv erreicht werden. Die materielle Belohnung in Form von Geld soll nur dazu dienen, dass die eigenen Leistungen mit anderen Menschen verglichen werden kann.[42]

Beim Kompetenzmotiv spielt die berufliche Entfaltung sowie die mögliche eigenständige Gestaltung der Umwelt eine nicht untergeordnete Rolle. Aufgrund von Freiraum und Verantwortung werden kompetenzmotivierte Menschen gerade zu hoher Leistung animiert.[43]

Menschen haben oftmals den Wunsch mit anderen zusammen zu sein, beziehungsweise sozial integriert zu sein. Sie wollen somit Schutz, Anerkennung und Geselligkeit bekommen. Hierzu helfen mögliche Betriebsfeiern oder eine Betriebssportmannschaft zum Erreichen des Geselligkeitsmotivs.[44]

4.2. Job-Characteristics Model nach Hackman und Oldham

Anhand der Zwei-Faktoren Theorie von Herzberg, aus dem Jahre 1959, wurde belegt, dass die Tätigkeit selbst für die Motivation und Zufriedenheit der Mitarbeiter verantwortlich ist.[45] Doch welche Merkmale der Tätigkeit nun wirklich entscheidend sind und wie die Wirkungen schließlich über psychische Prozesse vermittelt werden, wird anhand des Job-Characteristics Model von Hackman und Oldham beschrieben.[46]

Laut diesem Modell müssen drei psychologische Grundprinzipien erfüllt werden, damit die Arbeit einen Mitarbeiter zufriedenstellt und zeitgleich eine intrinsisch motivierende Wirkung erzeugt. Zuerst muss die Tätigkeit selbst als bedeutsam wahrgenommen werden. Dazu muss der Mitarbeiter sich für die Ergebnisse der Arbeit verantwortlich fühlen. Zuletzt müssen die Mitarbeiter aktuelle Resultate der Tätigkeit kennen, wobei dort eine besondere Kenntnis der Qualität der Ergebnisse wichtig ist.[47]

Damit allerdings diese psychologischen Erlebniszustände erreicht werden, müssen fünf Merkmale gegeben sein, welche sich wie folgt darstellen.

---

[42] Vgl. *Hungenberg, H., Wulf T.,* Grundlagen der Unternehmensführung, 2015, S. 239.
[43] Vgl. *Hungenberg, H., Wulf T.,* Grundlagen der Unternehmensführung, 2015, S. 239.
[44] Vgl. *Hungenberg, H., Wulf T.,* Grundlagen der Unternehmensführung, 2015, S. 239 f.
[45] Vgl. *Nerdinger, F.W. et al,* Arbeits – und Organisationspsychologie, 2014, S. 424.
[46] Vgl. *Nerdinger, F.W. et al,* Arbeits – und Organisationspsychologie, 2014, S. 424.
[47] Vgl. *Nerdinger, F.W. et al,* Arbeits – und Organisationspsychologie, 2014, S. 425.

Das erste Merkmal ist die Anforderungsvielfalt. Die Tätigkeit sollte mit vielen motorischen, intellektuellen sozialen Facetten geschmückt sein, damit unterschiedliche Fähigkeiten und Kenntnisse eingesetzt werden können.[48]

Des Weiteren sollte Ganzheitlichkeit gegeben sein. Mitarbeiter sollten ein gesamtes Projekt oder eine gesamte Dienstleistung fertigstellen und nicht in vielen Projekten jeweils nur eine reduzierte Teilaufgabe übernehmen. Der Stellenwert sowie der Sinn der Tätigkeit wird bei ganzheitlichen Aufgaben besser vermittelt.[49]

Als drittes sollte die Bedeutsamkeit der Tätigkeit bekannt sein. Der Mitarbeiter sollte erkennen, welchen Nutzen die Tätigkeit für sein Unternehmen, respektive den Kunden des Unternehmens, hat, um dann die Bedeutung seiner Arbeit wahrzunehmen.[50]

Durch diese drei Punkte wird bereits bestimmt, ob die Tätigkeit als bedeutsam wahrgenommen wird. Die Merkmale können sich auch gegenseitig beeinflussen, wobei die folgenden zwei dagegen als eigenständig betrachtet werden sollten.[51]

Als nächstes Merkmal ist die Autonomie zu nennen. Wenn Mitarbeiter eigenverantwortlich die Mittel ihrer Arbeit bestimmen können, kommt dieses Merkmal zum Tragen. Sie werden merken, dass sie für das Unternehmen nicht bedeutungslos sind, welches zur Selbstwertgefühlssteigerung und erhöhter Bereitschaft zur Übernahme von Verantwortung führt.[52]

Zu guter Letzt spielt auch die Rückmeldung eine wichtige Rolle. Hierbei handelt es sich um Rückmeldungen, welche unmittelbar mit der Aufgabe zusammenhängen. Diese Rückmeldungen ermöglichen es dem Mitarbeiter, mögliche Fehlentwicklungen eigenständig zu korrigieren.[53]

Auf Basis dieser fünf Merkmale werden individuell wahrgenommene Ausprägungen der Tätigkeit erfasst, woraus sich dann, anhand der Ergebnisse, das Motivationspotenzial der Arbeit berechnen lässt. Hierbei handelt es sich um die latente Stärke der Motivation, welche durch eine Tätigkeit ausgelöst wird. Abschließend sei gesagt, dass die oben genannten

---

[48] Vgl. *Nerdinger, F.W. et al*, Arbeits – und Organisationspsychologie, 2014, S. 425.
[49] Vgl. *Nerdinger, F.W. et al*, Arbeits – und Organisationspsychologie, 2014, S. 425.
[50] Vgl. *Nerdinger, F.W. et al*, Arbeits – und Organisationspsychologie, 2014, S. 425.
[51] Vgl. *Nerdinger, F.W. et al*, Arbeits – und Organisationspsychologie, 2014, S. 425.
[52] Vgl. *Nerdinger, F.W. et al*, Arbeits – und Organisationspsychologie, 2014, S. 425.
[53] Vgl. *Nerdinger, F.W. et al*, Arbeits – und Organisationspsychologie, 2014, S. 425.

Wirkungen von einem Persönlichkeitsmerkmal entscheidend abhängig sind. Es geht dabei um das Bedürfnis nach persönlicher Entfaltung. Bei Mitarbeitern mit hohem Bedürfnis ist ein enger Zusammenhang zwischen den genannten Merkmalen und der Auswirkung auf die Motivation zu erwarten, wohingegen bei niedrigem Bedürfnis weniger ein Zusammenhang erkennbar sein wird.[54]

5. Betriebliche Anreizsysteme am Beispiel der Siemens AG

„Andere Anreize für Führungskräfte"[55], titelte die Süddeutsche Zeitung im Mai 2010, als der Vorstandsvorsitzende der Siemens AG, Peter Löscher, kurz vor der Präsentation eines neuen Bonussystems auf der Hauptversammlung des Konzerns stand. Aus Konzernkreisen soll dieses Bonussystem gerade auf die Führungskräfte abzielen und solle gerade dann Belohnungen ausschütten, wenn es dem Unternehmen gelinge, dass der Rückstand auf die Profitabilität gegenüber der Konkurrenz reduziert wird.[56] Mittlerweile acht Jahre später soll nun anhand der vorliegenden Arbeit beschrieben werden, welche Bonussysteme aktuell im Konzern verankert sind.

5.1. Vorstellung des Unternehmens

Die Siemens AG befindet sich mittlerweile im 171 Geschäftsjahr und ist in nahezu jedem Land auf der Welt vertreten.[57] Auf Basis einer Konstruktion des Zeigertelegrafen wurde im Jahre 1847 die „Telegraphen-Bauanstalt von Siemens & Halske" von Werner von Siemens und Johann Georg Halske gegründet. Aus dem damaligen Zehn-Mann-Betrieb eines Berliner Hinterhof hat sich bis heute ein Unternehmen entwickelt, welches im Jahre 2017 (Stand 30. September 2017) rund 372.000 Mitarbeiter weltweit beschäftigt.[58]

Der Technologiekonzern, der seine Kernaktivität in der Elektrifizierung, Automatisierung und Digitalisierung hat, umfasst die Siemens AG, als Muttergesellschaft sowie ihre Toch-

---

[54] Vgl. *Nerdinger, F.W. et al,* Arbeits – und Organisationspsychologie, 2014, S. 425.

[55] *http://www.sueddeutsche.de/wirtschaft/siemens-andere-anreize-fuer-fuehrungskraefte-1.288079,* Zugriff am 19.05.2018

[56] Vgl. *http://www.sueddeutsche.de/wirtschaft/siemens-andere-anreize-fuer-fuehrungskraefte-1.288079,* Zugriff am 19.05.2018

[57] Vgl. *https://www.siemens.de/ueberuns/geschichte/Seiten/geschichte.aspx,* Zugriff am 19.05.2018; *Siemens AG,* Geschäftsbericht für das Jahr 2017, S. 2.

[58] Vgl. *https://siemens.com/global/de/home/unternehmen/ueber-uns/geschichte/unternehmen/1847-1865.html,* Zugriff am 19.05.2018; *Siemens AG,* Geschäftsbericht aus dem Jahr 2017, S. 2.

terunternehmen. Der Unternehmenssitz befindet sich in Deutschland mit der Konzernzentrale in der Stadt München. Das industrielle Geschäft der Siemens AG umfasst alle Divisionen, wie „Power and Gas, Energy Management, Building Technologies, Mobility, Digital Factory und Process Industries and Drives sowie die strategischen Einheiten Healthineers und Siemens Gamesa Renewable Energy".[59] Zusätzlich wird das industrielle Geschäft noch durch die Divison Financial Services (SFS) unterstützt, welche gleichzeitig aber eigene Geschäfte mit externen Kunden abwickelt.[60]

5.2. Gestaltung des betrieblichen Anreizsystems der Siemens AG

Das betriebliche Anreizsystem der Siemens AG ist vorrangig für die Führungskräfte des Unternehmens angelegt und wird seit dem Geschäftsjahr 2015 im Unternehmen praktiziert.[61] Das Vergütungssystem zielt darauf ab, dass ein Anreiz für eine erfolgreiche und zugleich nachhaltig angelegte Unternehmensführung gegeben wird. Die Mitglieder des Vorstands sind also angehalten, dass eine nachhaltige Wertsteigerung des Unternehmens durch eigenes Engagement im Unternehmen erreicht wird. Entsprechend dessen ist ein Großteil der Gesamtvergütung der Mitglieder mit der langfristigen Entwicklung der Siemens-Aktie verbunden. Dem Unternehmen ist wichtig, dass besondere Leistungen auch angemessen belohnt werden, zugleich sollen aber auch bei Verfehlungen der Ziele die Einbußen in der Vergütung zu spüren sein. Darüber hinaus soll das System im Wettbewerb attraktiv sein, um Anreize für herausragende Manager zu geben, sodass diese für die Siemens AG gewonnen und an das Unternehmen gebunden werden.[62]

Eine Grundvergütung, eine variable Vergütung in Form eines Bonus' sowie eine langfristige aktienbasierte Vergütung repräsentieren die einzelnen Komponenten der Vergütung dieses Anreizsystems. Dabei sind alle Komponenten gleich gewichtet und tragen jeweils etwa ein Drittel zur Zielvergütung bei.[63]

---

[59] *Siemens AG*, Geschäftsbericht aus dem Jahr 2017, S. 2.
[60] Vgl. *Siemens AG*, Geschäftsbericht aus dem Jahr 2017, S. 2.
[61] Vgl. *Siemens AG*, Geschäftsbericht aus dem Jahr 2017, S. 45.
[62] Vgl. *Siemens AG*, Geschäftsbericht aus dem Jahr 2017, S. 45.
[63] Vgl. *Siemens AG*, Geschäftsbericht aus dem Jahr 2017, S. 45.

Die erfolgsunabhängige Grundvergütung wird monatlich gezahlt und spiegelt das Gehalt der jeweiligen Führungskraft wieder. Dazu kommen die Nebenleistungen, die den Führungskräften einen zusätzlichen finanziellen Vorteil bringen, welche vom Unternehmen zur Verfügung gestellt werden. Hierbei handelt es sich zum Beispiel um die Bereitstellung eines Dienstwagens oder einen Zuschuss für Versicherungen. Zusätzlich werden auch Rechts-, Steuerberatungs-, Wohnungs – und Umzugskosten sowie Kosten für mögliche Vorsorgeuntersuchungen finanziell unterstützt.[64]

Die mit dem Erfolg gekoppelten Komponenten lassen sich einmal in die variable Vergütung sowie die aktienbasierte Vergütung unterteilen.

Die variable Vergütung ist jeweils an den geschäftlichen Erfolg des Unternehmens im bereits abgelaufenen Geschäftsjahr gekoppelt. Diese Vergütung ist allerdings jeweils nochmals in die Zielparameter Kapitalrendite, Ergebnis je Aktie und individuelle Ziele unterteilt. Sofern die Ziele zu 100% erreicht werden, ist der Führungskraft ein Bonus in Höhe der Grundvergütung zugesichert. Sollte sich allerdings herausstellen, dass die vereinbarten Ziele klar verfehlt worden sind, kann dieses Drittel der Vergütung auch vollständig entfallen. Zusätzlich können auch Ergebnisse einer Mitarbeiter – oder Kundenzufriedenheitsbefragung genutzt werden, um die Ziele entsprechend anzupassen. Somit können auch individuelle Leistungen seitens der Vorstandsmitglieder berücksichtigt werden.[65]

Bei der langfristigen aktienbasierten Vergütung werden jeweils zu Beginn des Geschäftsjahrs sogenannte Stock Awards, verfallbare Aktienzusagen, gewährt. Nach einer zirka vierjährigen Sperrfrist, bekommen die Berechtigten je Aktienzusage eine Siemens-Aktie übertragen, ohne dass diese eigens dafür zahlen müssen. Voraussetzung hierfür ist allerdings die individuelle Zielerreichung der einzelnen Führungskraft. Der jeweilige Wert der Aktie ist an den Aktienkurs bei Übertragung gekoppelt und hängt zusätzlich noch von der Zielerreichung des vorliegenden Zielsystems ab.[66]

---

[64] Vgl. *Siemens AG*, Geschäftsbericht aus dem Jahr 2017, S. 46.
[65] Vgl. *Siemens AG*, Geschäftsbericht aus dem Jahr 2017, S. 46.
[66] Vgl. *Siemens AG*, Geschäftsbericht aus dem Jahr 2017, S. 46.

Zusätzlich sei erwähnt, dass die Höchstgrenze der totalen Vergütung, bei dem 1,7-fachen der Zielvergütung liegt. Diese Zielvergütung wird aus der Zielvergütung der Grundvergütung sowie aus den Zielbeträgen der variablen Vergütung und der langfristigen aktienbasierten Vergütung errechnet. Die Höchstgrenze erhöht sich allerdings noch entsprechend der Beträge für die Nebenleistungen und Versorgungszusagen.[67]

Hierzu sei noch gesagt, dass sämtliche Mitarbeiter der Siemens AG in die BSAV, die Beitragsorientierte Siemens Altersversorgung, eingebunden sind. Ein festgelegter Prozentsatz, welcher auf die Grundvergütung sowie den Zielbetrag des Bonus' zugeschnitten ist, bestimmt die Höhe der Jahresbeiträge. Der Prozentsatz wird jährlich vom Aufsichtsrat gesetzt, wobei auch die Dauer der Vorstandszugehörigkeit und der daraus resultierende Aufwand für die Siemens AG berücksichtigt wird.[68]

6. Fazit

Auf Basis der zuvor beschriebenen Thematik wird sich nun abschließend mit der Frage befasst, ob die intrinsische Motivation von betrieblichen Anreizsystemen beeinflusst wird. Anhand des Job-Characteristics Models von Hackman und Oldham wurde beschrieben, dass es drei psychologische Grundprinzipien gibt, welche dafür verantwortlich sind, dass die Tätigkeit selbst eine intrinsisch motivierende Wirkung hervorrufen soll und gleichzeitig den Mitarbeiter zufriedenstellt. Hierbei wird sich nur damit befasst, dass gewisse Merkmale vorhanden sein müssen, damit eine intrinsisch motivierende Wirkung erzeugt wird. Das Unternehmen ist also angehalten, dass eine Tätigkeit als intrinsisch motivierend wirkt, dennoch wird die Wirkung je nach Individuum unterschiedlich wahrgenommen, sodass hier nicht pauschal von einer intrinsisch motivierenden Wirkung anhand der gegebenen psychologischen Grundprinzipien gesprochen werden kann. Aufgrund dessen kann man nicht von einer Beeinflussung der intrinsischen Motivation anhand von immateriellen Anreizen zu sprechen.

Das Anreizsystem der Siemens AG zeigt deutlich, dass in der Praxis größtenteils materielle Anreize geboten werden, damit ein Mitarbeiter oder eine Führungskraft motiviert wird. Die Führungskräfte der Siemens AG erhalten Nebenleistungen in Form eines

---

[67] Vgl. *Siemens AG,* Geschäftsbericht aus dem Jahr 2017, S. 47.
[68] Vgl. *Siemens AG,* Geschäftsbericht aus dem Jahr 2017, S. 48.

Dienstwagens sowie Zuschüsse für Versicherungen oder z.B. Rechtskosten. Zusätzlich wird der Führungskraft ein erfolgsabhängiger Bonus gewährt, sofern die vereinbarten Ziele am Jahresende erfüllt worden sind. Daraus folgt, dass in der Praxis betriebliche Anreizsysteme nur die extrinsische Motivation beeinflussen. Die Führungskräfte handeln motivierter, sorgfältiger und nachhaltiger, um den Bonus der variablen Vergütung am Jahresende zu erhalten. Es wirken also nur materielle Anreize auf die Führungskräfte, die diese dazu veranlassen, ihre Tätigkeit aufgrund der zu erwartenden Folge auszuführen.

Abschließend ist festzustellen, dass betriebliche Anreizsysteme nicht dazu dienen, dass die intrinsische Motivation beeinflusst wird. Die betrieblichen Anreizsysteme zielen darauf ab, dass Mitarbeiter oder Führungskräfte extrinsisch motiviert werden und ihre Tätigkeit ausführen, damit sie nach Beendung oder Vervollständigung der Tätigkeit ihre versprochene Prämie oder Bonusleistung erhalten.

Literaturverzeichnis

Brink, Alexander, Heidbrink, Ludger, Editorial, in: Zeitschrift für Wirtschafts – und Unternehmensethik, 18/3 (2017), S. 305-306

Deci, Edward L., Ryan, Richard M., Die Selbstbestimmungstheorie der Motivation und ihre Bedeutung für die Pädagogik, in: Zeitschrift für Pädagogik, 39 (1993), Nr. 2, S. 225-226

Hungenberg, Harald, Wulf, Torsten, (Grundlagen der Unternehmensführung, 2015): Grundlagen der Unternehmensführung – Einführung für Bachelorstudierende, 5. Auflage, Berlin, Heidelberg: Springer Gabler, 2015

Kolb, Meinulf, (Personalmanagement, 2010): Personalmanagement – Grundlagen und Praxis des Human Ressources Managements, 2. Auflage, Wiesbaden: Gabler Springer, 2010

Loffing, Dina, Loffing Christian, (Mitarbeiterbindung ist lernbar, 2010): Mitarbeiterbindung ist lernbar – Praxiswissen für Führungskräfte in Gesundheitsfachberufen, Berlin, Heidelberg: Springer, 2010

Nerdinger, Friedemann W., Blickle, Gerhard, Schaper, Niclas, (Arbeits – und Organisationspsychologie, 2014): Arbeits – und Organisationspsychologie, 3. Auflage, Berlin, Heidelberg: Springer, 2014

Rheinberg, Falko, Vollmeyer Regina, (Motivation, 2011): Motivation, 8. Auflage, Stuttgart: Kohlhammer, 2011

Sprenger, Reinhard K., (Mythos Motivation, 2010): Mythos Motivation – Wege aus einer Sackgasse, 19. Auflage, Frankfurt/Main: Campus, 2010

Wickel-Kirsch, Silke, Janusch, Matthias, Knorr, Elke, (Personalwirtschaft, 2008), Personalwirtschaft – Grundlagen der Personalarbeit in Unternehmen, Wiesbaden: Gabler, 2008

Internetquellen:

Balser, Markus, (Andere Anreize für Führungskräfte, 2010): Andere Anreize für Führungskräfte (11.05.2010), http://www.sueddeutsche.de/wirtschaft/siemens-andere-anreize-fuer-fuehrungskraefte-1.288079, (Zugriff am 19.05.2018, 10:40 MEZ)

Kirchgeorg, Manfred, (Motivation, 2018): Motivation (19.02.2018), https://wirtschaftslexikon.gabler.de/definition/motivation-38456/version-261879, (Zugriff am 12.05.2018, 19:26 MEZ)

Maier, Günter W., (Prozesstheorien der Motivation, 2018): Prozesstheorien der Motivation (14.02.2018), https://wirtschaftslexikon.gabler.de/definition/prozesstheorien-der-motivation-45549/version-268841, (Zugriff am 12.05.2018, 19:43 MEZ)

Siemens AG, (Geschäftsbericht, 2017): Geschäftsbericht 2017 (29.11.2017), https://www.siemens.com/investor/pool/de/investor_relations/Siemens_GB2017.pdf, (Zugriff am 27.05.2018, 09:13 MEZ)

Siemens AG, Siemens-Geschichte (keine Datumsangabe), https://www.siemens.de/ueberuns/geschichte/Seiten/geschichte.aspx, (Zugriff am 19.05.2018, 15:58 MEZ)

Siemens AG, 1847-1865 – Unternehmensgründung und erste Expansion (keine Datumsangabe), https://www.siemens.com/global/de/home/unternehmen/ueberuns/geschichte/unternehmen/1847-1865.html, (Zugriff am 19.05.2018, 16:10 MEZ)